Serie Jelu-Ruemar

Propuestas para optimizar la enseñanza y el aprendizaje de la matemática.

M
A
T
E
M
A
T
I
C
A

Agrupación
Operación
Relación

Lenguaje simbólico

Numérico

Literario

Lenguaje propio

Segundo tomo:
Signos y Símbolos.

POR: Scarlet C. Rueda M

2019

Scarlet Coromoto Rueda Marrero

Signos y símbolos.

Dedicatoria
A mis padres:
Luisa Marrero de Rueda y
Jesús Alberto Rueda
Quienes me enseñaron que el amor, la dedicación y compromiso con dios y uno mismo son parte importante, del logro de nuestras metas
A mis hijos:
Eduardo Asdrúbal
Aníbal Gerardo y
Scarlet Estefanía
Que siempre han sido, son y serán los generadores de metas, desde que llegaron a mi vida.

©

Signos y símbolos

03/12/2019 1912032611644

DISTRIBUIDORES AUTORIZADOS:

Academia de Aprendizaje Asistido AAA.

https://aprendizajeasistido.wixsite.com/cursos

Profesora: Scarlet C. Rueda M

Número de celular:

+57-3053036986

Correo electrónico:scrm1369@gmail.com

Tomo 2

Scarlet Coromoto Rueda Marrero

Signos y símbolos.

CONTENIDO

PRESENTACIÓN..............................5

SEMBLANZA DE LA AUTORA..................6

LOS SIMBOLOS 7

SIMBOLOS NUMERICOS 8

SIMBOLOS LITERALES 11

LOS SIGNOS... 17

SIGNOS DE OPERACIÓN....................18

SIGNOS DE RELACIÓN.....................20

SIGNOS DE AGRUPACIÓN 23

ESCRITURA EN FORMA ABREVIADA..........27

LENGUAJE DE LA MATEMATICA.............35

EJERCICIOS PROPUESTOS.................39

Serie Jelu-Ruemar

Tomo 2

PRESENTACIÓN

Es una realidad que la matemática resulta incomprensible para los que no conocen su lenguaje, también es real que cuando se indica a los alumnos la lectura de algún texto de matemática estos se niegan aludiendo que no entienden lo que leen, en este orden de ideas nos preguntamos ¿qué ocurre? ¿Por qué no pueden ni leer ni escribir correctamente utilizando y/o interpretando los símbolos y signos correspondientes?

La autora, afirma que es por no considerarse parte importante de la enseñanza, pues hay quienes piensan que eso solo le interesa al "matemático" y de esta manera el lenguaje de la matemática ha pasado al plano de la indiferencia y mal uso en el proceso de la enseñanza y aprendizaje de la matemática.

Los contenidos aquí desplegados constituyen una muestra de la organización del lenguaje simbólico y su uso como herramienta imprescindible en la enseñanza, aprendizaje y aplicación de la matemática.

La autora.

Scarlet Coromoto Rueda Marrero

Signos y símbolos.

SEMBLANZA DE LA AUTORA

La profesora Scarlet C. Rueda M. es egresada, en la especialidad de Matemática, del Instituto Universitario Pedagógico Experimental "Rafael Alberto Escobar Lara"; ubicado en la ciudad de Maracay. Estado Aragua. Venezuela.
Ha incursionado en la docencia desde el subsistema de pre escolar hasta educación superior, incluyendo educación especial.
Entre los institutos donde ha desempeñado su labor se cuentan:
I.E.E Pre-escolar de Audición y Lenguaje. "Maracay".
C.P.A.P.E.P "La Candelaria".
E.B "Simón Bolívar" C.B.C "Cruz Verde"
C.B "Magdaleno" U.B.E "José Rafael Revenga" ESCUBAFAN. UBA. IUPFAN.
IUPE" RAFAEL ALBERTO ESCOBAR LARA"
INCE-EPA. UNEFA. IUTELV. Maracay. Entre otros...
Ha publicado otras obras certificadas tales como:
a) ALGEBRA LINEAL b) FISICA BÁSICA
c) MANUAL PRACTICO DE PLANIFICACIÓN
d) EL AULA PROYECTO PEDAGOGICO.
CONTROL ADMINISTRATIVO. Entre otras.
La autora, tiene elaborado varios temas, (por publicar), con el enfoque que surge de sus reflexiones y experiencia, los cuales por varios años desarrollo en sus clases, obteniendo resultados satisfactorios.
Los desarrolla con un enfoque que destaca la comparación entre ellos, por ende, es un material instruccional muy útil, principalmente para iniciar niveles, curso, o temas; para refuerzo, recapitulación y/o repaso.
Serie Jelu-Ruemar

LENGUAJE SIMBOLICO.

La escritura de la matemática está fundamentada en un conjunto de símbolos y signos que se armonizan para generar un vocabulario simbólico (expresiones algebraicas, operaciones, ecuaciones, igualdades, inecuaciones, desigualdades, funciones, conjuntos, subconjuntos, propiedades, definiciones y demás términos matemáticos que puedas llegar a conocer), que una vez conocido resultará fascinante e interesante además de una herramienta determinante en el aprendizaje de la matemática.

LOS SIMBOLOS

No son más que los números y letras por lo que se clasifican en dos grupos:
Símbolos numéricos y símbolos literales.

SÍMBOLOS NUMÉRICOS

Son todos los números que forman los Reales (naturales, enteros positivos, enteros negativos, racionles positivos y negativos, Irracionales positivos y negativos) y los complejos.
Los cuales se escriben simbólica-mente así:

Scarlet Coromoto Rueda Marrero

Signos y símbolos.

NATURALES

0,1,2,3,4,5,6,7,8,9,10,11,12,13,14,15,16, …,101, 102, 103,…, 1001, 1002, 1003,…

ENTEROS

$-\infty,…,-5,-4,-3,-2,-1,0,1,2,3,4,5,…\infty$

RACIONALES (FRACCIONES Y DECIMALES)

Son símbolos que surgen de la combinación de enteros y/o naturales. Por ejemplo:

Son fracciones:

$\dfrac{1}{2}, \dfrac{-3}{4}, \dfrac{7}{1}, \dfrac{5}{-10}, …$

Son decimales:

- ❖ 0,12

- ❖ 13,21

- ❖ 121,430

- ❖ 0,000005

IRRACIONALES.

Son símbolos que no pueden expresarse como cociente de dos números (no son racionales) por ejemplo:

Raíces cuadradas de números primos es decir;

$\sqrt{2}, \quad \sqrt{3}, \quad \sqrt{5}, \quad \sqrt{11}, \ldots$

Raíces cuadradas de enteros positivos que no son cuadrados perfectos tales como:

$\sqrt{6}, \quad \sqrt{8}, \quad \sqrt{10}, \quad \sqrt{12}, \quad \sqrt{18}, \quad \sqrt{24}, \quad \sqrt{70}, \ldots$

Raíces cúbicas de números enteros que no sean cubos perfectos cabe mencionar:

$3\sqrt{2}, \quad \sqrt[3]{3}, \quad \sqrt[3]{4}, \quad \sqrt[3]{25}, \quad \sqrt[3]{28} \ldots$

El número pi=3,141592653589...

El número e=2,718281828459...

Otros números tales como:

- ❖ 5√2,

Scarlet Coromoto Rueda Marrero

Signos y símbolos.

- ❖ $1+\sqrt{3}$
- ❖ $\dfrac{\pi}{2}$
- ❖ $\dfrac{1}{\sqrt{5}}$
- ❖ $7\sqrt{2} - 11\sqrt[3]{3}$, ...

COMPLEJOS

Representados por un par ordenado de números reales, tales como:

(-2,3) ;(4,5) ;(1,-1); o en forma binómica 2+3i; 5-i; 10+13i... (trigonométrica y polar combinan símbolos literales con símbolos numéricos).

SÍMBOLOS LITERALES

Son las letras de nuestro alfabeto y el alfabeto griego.

Por lo general las minúsculas que indican elementos se usan las primeras del alfabeto (a,b,c,d...) para indicar que es cualquier valor fijo conocido y las últimas (x, y, z) para indicar valores variables por conocer (Incógnitas).Las mayúsculas para conjuntos de elementos.

Entre las situaciones más conocidas donde se utilizan los símbolos literales cabe mencionar:

USO DE LAS MINUSCULAS

- ❖ En el enunciado de propiedades como la propiedad conmutativa para la adición que se enuncia "El orden de los sumandos no altera la suma" se escribe simbólicamente así "a+b=b+a"
- ❖ Para representar la forma de una fracción $\dfrac{a}{b}$ donde a se denomina numerador y b denominador.(b≠0)
- ❖ Para representar decimales a,b donde a es la parte entera y b la parte decimal
- ❖ Para representar en forma binómica y general al número complejo. a+bi donde a representa la parte real y b la parte imaginaria. O como par ordenado

Scarlet Coromoto Rueda Marrero

Signos y símbolos.

(a,b) a es la componente real, b la componente imaginaria.

- ❖ En ecuaciones: 2x+3=5

- ❖ En Inecuaciones $\dfrac{3}{5}y - 6 \leq 8$

- ❖ En expresiones algebraicas:

x^4-$5x^3$+$3x^2$+2 (polinomios)

USO DE LAS MAYUSCULAS

N: representa el conjunto de los números naturales.

Z: Representa el conjunto de los números enteros.

Z^+ : Representa el conjunto de los números enteros positivos.

Z^- : Representa el conjunto de los números enteros negativos.

Q: Representa el conjunto de los números racionales

I: Representa al conjunto de los números irracionales

R: Representa el conjunto de los números reales.

$M_{i,j}$: Para el conjunto de las matrices de orden i por j

P(x): El conjunto de los polinomios. Donde x es la variable.

F(x): Para representar Funciones. Donde x es el argumento.

Signos y símbolos.

USO DE LAS LETRAS GRIEGAS

Nombre	Mayúscula	Minúscula
$Alfa$	A	α
Beta	B	β
Gamma	Γ	γ
Delta	Δ	δ
Èpsilon	E	ε, ϵ
Dseta	Z	ζ
Eta	H	η
Theta	Θ	θ
Iota	I	ι
Kappa	K	κ
Lambda	Λ	λ
Mi	M	μ
Ni	N	ν
Xi	Ξ	ξ
Omicron	O	o
Pi	Π	π

Serie Jelu-Ruemar

Tomo 2

Nombre	Mayúscula	Minúscula
Rho	P	ρ
Sigma	Σ	σ, ς
Tau	T	τ
Ipsilon	Υ	υ
Phi	Φ	φ, ϕ
Chi	X	χ
Psi	Ψ	ψ
Omega	Ω	ω

Estas son muy utilizadas para indicar ángulos como en el argumento de funciones trigonométricas así ¨senα ; cosβ;...Tg($\alpha+\beta$),...

Los complejos en su forma trigonométrica: cosθ + i senθ

O en su forma polar $e^{i\theta}$

Para expresar relaciones de pertenencia entre elementos y conjuntos.

a$\in$N , hace referencia al número natural y se lee "a pertenece a N"

b$\notin$Z ,indica que b no es un número entero y se lee "b no pertenece a Z".

Scarlet Coromoto Rueda Marrero

Signos y símbolos.

OTROS SIMBOLOS DE USO FRECUENTE SON:

$\sum$ Usado para indicar una sumatoria finita o infinita de sumandos que darán origen a una serie. Y se lee "Sumatoria de…"

$\subset$ Usado para indicar que un conjunto es subconjunto de otro y se lee" …es subconjunto de…" o "…está incluido en…"

$\emptyset$ Usado para representar los conjuntos vacíos.

$\forall$ Usado como cuantificador universal se lee "para todo…"

$\exists$ Usado común cuantificador existencial se lee "existe al menos un…"

∞ Usado para indicar la existencia de infinitos símbolos numéricos .se lee "infinito"

Serie Jelu-Ruemar

Tomo 2

LOS SIGNOS

Estos relacionan, agrupan, asocian, jerarquizan, símbolos numéricos con numéricos;
Literales con literales;
Numéricos con literales.

Por lo que se clasifican en tres grandes grupos a saber:

Signos de Operación.

Signos de relación.

Signos de agrupación.

SIGNOS DE RELACIÓN.
Los usos de estos signos generan:
Ecuaciones (símbolos literales y numéricos).
Igualdades (solo numéricos ó solo literales).
Desigualdades (solo símbolos numéricos ó solo símbolos literales). Inecuaciones (símbolos literales y numéricos).
Funciones (símbolos numéricos y literales.)
Relaciones.

Algunos de uso frecuente son:

Signos y símbolos.

$\leq$ Se lee "...es menor o igual que..."

$=$ Se lee "...es igual a..."

$>$ Se lee "...es mayor que..."

$\cong$ Se lee "...es congruente con..."

$\perp$ Se lee "...es perpendicular a..."

$\geq$ Se lee "...es mayor o igual a..."

$\neq$ Se lee "...es diferente de..."

Ejemplos:

a) El ángulo alfa es congruente con el ángulo beta

$$\sphericalangle \alpha \cong \sphericalangle \beta$$

b) El lado ab del triángulo abc es congruente con el lado ac

$$\overline{ab} \cong \overline{ac}$$

c) El radical cinco raíces cubica de a es semejante al radical siete tercios raíz cubica de a.

$$5\sqrt[3]{a} \sim \frac{7}{3}\sqrt[3]{a}$$

d) El número decimal dos enteros tres milésimas es menor que el numero decimal quince enteros diez centésimas

$$2{,}003 < 15{,}10$$

e) La fracción cuatro quintos es mayor que la fracción menos ocho tercios

$$\frac{4}{5} > \frac{-8}{3}$$

f) $L_1 \parallel L_2$ se lee La recta ele uno es paralela a la recta ele dos

g) $L_1 \perp L_2$ se lee La recta ele uno es perpendicular a la recta ele dos.

h) $\frac{24}{48} \simeq \frac{1}{2}$ se lee La fracción veinticuatro ,cuarenta y ocho avos es equivalente a la fracción un medio

Tomo 2

Scarlet Coromoto Rueda Marrero

Signos y símbolos.

SIGNOS DE OPERACIÓN:

Son utilizados para establecer aplicaciones. Se destacan:

1) Los de las operaciones elementales:

+ Se lee "mas" usado para la adición.

− Se lee "menos" Usado para la sustracción (también es usado para los símbolos numéricos enteros negativo, o para indicar el opuesto de cualquier símbolo o expresión algebraica).

- ❖ X Utilizado para la multiplicación. Se lee "por" (también se utiliza el punto.).

- ÷ Se lee "entre" es utilizado para la división (al igual que :, /, └───)

Serie Jelu-Ruemar

Tomo 2

La presencia de estos signos en las operaciones elementales asigna nombres particulares a los símbolos de la siguiente manera:

- ❖ a+b=c. La operación es la adición los símbolos a y b se denominan sumandos y el resultado c se denomina suma.

- ❖ a-b=c. La operación es la sustracción. a se denomina minuendo, b sustraendo y c diferencia.

- ❖ a.b=c La operación es la multiplicación. a y b se denominan factores y c producto.

- ❖ a÷b=c La operación es la división a es denominado dividendo, b divisor y c cociente.

2) Los de las operaciones proposicionales:

¬   Para la negación. Se lee "no es cierto o no ocurre que..."

Scarlet Coromoto Rueda Marrero

Signos y símbolos.

∧   Para la conjunción. Se lee " y "

∨   Para la disyunción. Se lee "O"

⇒ Para la condicional. Se lee "Si...entonces..."

3) Para las operaciones entre conjuntos

∩ Representa la intersección entre conjuntos (elementos comunes) Se lee "...intersectado con..."

∪ Representa a la unión. Se lee "...unido con..."

Δ Representa la diferencia simétrica también es utilizado para indicar variaciones o incrementos.

SIGNOS DE AGRUPACIÓN:

Dan jerarquía a las operaciones, es decir indica que se ha de efectuar primero (lo que este dentro del signo de agrupación). Por otra parte, se utilizan para indicar argumentos, bases, pares ordena-dos, matrices, determinantes, intervalos y una variedad de entes matemáticos. Los más utilizados son:

Los paréntesis ( )

Los corchetes [ ]

Las llaves { }

Las barras | |

Doble barras ‖ ‖...

Los signos de agrupación se utilizan en combinación de los símbolos y signos ya nombrados, generando expresiones tales como:

$$1) (2+5)-(4x3) = 7-12 = -5$$
$$2) 2+[5-(4x3)] = 2+[5-12] = 2+(-7) = -5$$
$$3) (2+5-4)x3 = 3x3 = 9$$

Signos y símbolos.

En los planteamientos 1,2,3 se puede observar como los mismos símbolos numéricos relacionados mediante las mismas operaciones, generan diferentes resultados por la presencia de los signos de agrupación

4) $(-2+5x)^2$

5) $-2+ (5x)^2$

En 4 los paréntesis indican que la base de la potencia es -2+5x en 5 la base de la potencia es 5x.

6) $\begin{cases} x + y = 5 \\ 2x - 3y = 10 \end{cases}$

En 6 tenemos un sistema de ecuaciones lineales y la llave indica que se deben obtener valores de x y de y que satisfagan simultánea-mente las dos ecuaciones.

Los signos de agrupación también son utilizados para escribir simbólicamente muchos entes matemáticos que presentan formas particulares, entre los cuales están:

Las matrices cuya forma es:

$$\begin{pmatrix} m_{1,1} & m_{1,2} & m_{1,3} & \cdots & m_{1,j} \\ m_{2,1} & m_{2,2} & m_{2,3} & \cdots & m_{2,j} \\ m_{3,1} & m_{3,2} & m_{3,3} & \cdots & m_{3,j} \\ \vdots & \vdots & \vdots & \vdots & \vdots \\ m_{i,1} & m_{i,2} & m_{i,3} & \cdots & m_{i,j} \end{pmatrix}$$

Los valores numéricos asociados a las matrices, es decir los determinantes.

Los cuales presentan la misma forma de la matriz, pero en lugar de estar agrupadas sus componentes entre paréntesis o corchetes, se agrupan entre barras. Así;

Signos y símbolos.

$$\begin{vmatrix} m_{1,1} & m_{1,2} & m_{1,3} & \ldots & m_{1,j} \\ m_{2,1} & m_{2,2} & m_{2,3} & \ldots & m_{2,j} \\ m_{3,1} & m_{3,2} & m_{3,3} & \ldots & m_{3,j} \\ \vdots & \vdots & \vdots & \vdots & \vdots \\ m_{i,1} & m_{i,2} & m_{i,3} & \ldots & m_{i,j} \end{vmatrix}$$

Nota: Los símbolos literales y/o numéricos que acompañan a cada m es decir a cada componente tanto de la matriz como del determinante, son
llamados subíndices e indican la posición (fila, columna) de cada componente.

La función valor absoluto.

Por ejemplo: $|-5+8x|$

En los argumentos de las funciones

Sen(x+y); cos(x-y); tg (2x)

La norma de un vector. $\left\|\vec{v}\right\|$

Los subconjuntos de R llamados intervalos. Tales como:

Serie Jelu-Ruemar

Tomo 2

(-5,7) que es un intervalo abierto.

[-5,7] que es un intervalo cerrado

(-5,7] que es un intervalo semi abierto o semicerrado.

$(-\infty, \infty)$ que representa al conjunto $\mathbb{R}$

$(-\infty, 0]$ que representa a $\mathbb{R}^-$, subconjunto de $\mathbb{R}$

$[0, \infty)$ que representa a $\mathbb{R}^+$, todos los reales positivos.

Otro ente particular son los elementos pertenecientes a R^n es decir las n-uplas tales como:

El par ordenado o 2-upla $(5,8) \in R^2$

La terna ordenada o 3-upla

$(2,-1,3) \in R^3$

La 4-upla $(9, 0, -2, 5) \in R^4$

Signos y símbolos.

Escritura abreviada

En esta secuencia son múltiples las situaciones donde observamos la utilidad de los signos de agrupación.

Estos y muchos otros signos y símbolos conforman el lenguaje de la matemática y gracias a ellos podemos escribir de manera abreviada situaciones como:

1) Un número natural...n

2) Un número cualquiera...x

3) El opuesto de un número...-x

4) El inverso de un número...x^{-1}

5) Dos terceras partes de un número
$\frac{2}{3}x$ que se lee dos tercios de equis.

6) El doble de un número...2x

7) El triple de un número...3x

8) Un número aumentado en dos unidades...x+2

9) Un número disminuido en tres unidades...x-3

10) Un número par...2n

11) Un número impar 2n+1 ó 2n-1

12) El cuadrado de un número...x^2

13) El cubo de un número...x^3

14) La mitad de un numero... $\dfrac{x}{2}$

15) La suma de dos números...x+y

16) La diferencia de dos números...x-y

17) El producto de dos números...x.y

Signos y símbolos.

18) El cociente de dos números x÷y, o se puede escribir $\dfrac{x}{y}$

19) El número consecutivo o siguiente de n...n+1

20) El número que le precede a n...n-1

21) El doble de un número aumentado en el triple de otro...2x+3y.

22) Dos números consecutivos...x, x+1

23) Tres números consecutivos ...x, x+1, x+2.

24) El producto de dos números consecutivos...x(x+1)

25) La suma de tres números consecutivos...x+(x+1) +(x+2)

26) El doble producto de dos números...2xy

27) Dos números pares consecutivos...2x, 2x+2

28) El doble producto de la suma de dos números...2(x+y)

29) La raíz cuadrada de un número... $\sqrt{x}$

30) La raíz cúbica de un numero par... $\sqrt[3]{2x}$

31) La raíz quinta del cuadrado de un número aumentado en dos... $\sqrt[5]{x^2+2}$

32) El cuadrado de una suma...(x+y)²

33) Una suma de cuadrados...x²+y²

34) Una diferencia de cuadrados...x²-y²

35) Una diferencia de cubos...x³-y³

36) El cubo de una diferencia...(x-y)³

37) El producto de dos números impares consecutivos...(2x+1) (2x+3)

38) La semi suma de dos números... $\dfrac{x+y}{2}$

Scarlet Coromoto Rueda Marrero

Signos y símbolos.

39) El semiproducto de tres números consecutivos...
$$\frac{x(x+1)(x+2)}{2}$$

40) El promedio de tres números pares consecutivos...
$$\frac{2x+(2x+2)+(2x+4)}{3}$$

41) El valor absoluto de un numero...$|x|$

42) Un número es mayor o igual que a...$x\geq a$

43) Dos números distintos...$x\neq y$

44) El producto de dos números es nulo...$x.y=0$

45) El producto de dos números es uno...$x.\frac{1}{x}=1$(En este caso el otro número tiene que ser su inverso).

46) La suma de un número con su opuesto...x+ (-x)

47) El producto de un número con su opuesto...x (-x)

48) El inverso de una suma de tres números... $\dfrac{1}{x+y+z}$

49) El opuesto del inverso de un número... $-\dfrac{1}{x}$

50) El coseno de la suma de dos números...cos(x+y).

51) El doble de la tangente de un ángulo diferencia... 2tg(α-β).

52) El logaritmo base b de un número...$\lg_b x$

53) El cociente de la diferencia de cubos entre el cuadrado de una diferencia... $\dfrac{x^3 - y^3}{(x-y)^2}$

Tomo 2

Scarlet Coromoto Rueda Marrero

Signos y símbolos.

El aprender el lenguaje de símbolos y signos es la base para entender las clases ya que en ella oímos expresiones como:

1) La diferencia entre cinco y ocho es menos tres...5-8= -3

2) El valor absoluto de menos quince es quince...$|-15| = 15$

3) Sea A el conjunto de los números naturales que son menores que diez...A=$\{n \in N \;/\; n < 10\}$ = $\{0,1,2,3,4,5,6,7,8,9\}$.

4) El subconjunto de los reales entre uno y ciento veinticinco incluido ó el intervalo comprendido entre uno excluido y ciento veinticinco incluido... (1,125].

5) La raíz cúbica de menos ocho... $\sqrt[3]{-8}$

6) La ecuación dos equis más tres igual a cinco...2x+3=5

7) Tres equis al cuadrado más dos equis al cuadrado son cinco equis al cuadrado... $3x^2+2x^2=5x^2$

8) Raíz cúbica del binomio tres equis más dos... $\sqrt[3]{3x+2}$

9) Raíz cúbica de tres equis más dos... $\sqrt[3]{3x}+2$ (La suma de la raíz de tres equis con dos).

10) El producto de dos quintos de equis con tres octavos de ye... $\left(\dfrac{2}{5}x\right)\left(\dfrac{3}{8}y\right)$

11) La diferencia del seno de cuarenta y cinco grados y el seno de quince grados... sen45º-sen15º.

12) El seno de la diferencia entre cuarenta y cinco y quince grados...
sen (45-15)º.

13) La función inversa del seno de dos alfa... $\csc 2\alpha$

14) Un medio de la raíz cuarta de dos tercios del cubo de equis... $\dfrac{\sqrt[4]{\dfrac{2}{3}x^3}}{2}$

Tomo 2

Scarlet Coromoto Rueda Marrero

Signos y símbolos.

15) Tres cuartos de equis es menor que la quinta parte de y... $\frac{3}{4}x \langle \frac{y}{5}$.

16) El cociente de la diferencia del doble de equis con el cuadrado de y entre la suma del cubo de equis con el triple de y... $\frac{2x-y}{x^3+3y}$

17) El complejo de parte real menos tres y parte imaginaria ocho...-3+8i

18) El producto de las potencias de base diez y exponentes cinco y siete respectivamente es la potencia de base diez y exponente doce... $10^5 x 10^7 = 10^{12}$

19) La suma del logaritmo base ocho de equis con tres quintos del logaritmo base ocho de equis es ocho quintos del logaritmo base ocho de equis...

$$\log_8 x + \frac{3}{5}\log_8 x = \frac{8}{5}\log_8 x$$

20) El producto del seno de cuarenta cinco grados con el coseno del mismo ángulo es un medio...sen45º .cos45º= $\dfrac{1}{2}$

21) La potencia de base menos dos y exponente tres es igual a menos ocho--- $(-2)^3 = -8$

Scarlet Coromoto Rueda Marrero

Signos y símbolos.

Lenguaje de la matemática.

La escritura y lectura de la matemática está fundamentada en un conjunto de símbolos y signos que se armonizan para generar un vocabulario simbólico que generan:

- ❖ Conjuntos
- ❖ Definiciones operacionales
- ❖ Operaciones
- ❖ Propiedades o leyes
- ❖ Expresiones algebraicas
- ❖ Relaciones
- ❖ Ecuaciones
- ❖ Inecuaciones
- ❖ Funciones

Entre otros, que una vez conocidos resultará fascinante e interesante además de una herramienta determinante en el aprendizaje de la matemática.

Serie Jelu-Ruemar

Tomo 2

De igual forma se incluyen en el lenguaje palabras de uso frecuente tales como:

MULTIPLOS: _____

DIVISORES: _____

MINIMO COMUN MULTIPLO: _____

MAXIMO COMUN DIVISOR: _____

NUMERO PRIMO: _____

NUMERO COMPUESTO: _____

CUADRADO PERFECTO: _____

CUBO PERFECTO: _____

NUMERO PAR: _____

NUMERO IMPAR: _____

ENTERO NEGATIVO: _____

ENTERO POSITIVO: _____

POTENCIA: _____

BASE: _____

EXPONENTE: _____

INDICE RADICAL: _____

CANTIDAD SUB RADICAL: _____

ECUACION: _____

INECUACIÓN: _____

IGUALDAD: _____

Scarlet Coromoto Rueda Marrero

Signos y símbolos.

DESIGUALDAD:_____

FUNCIÓN: _____

MONOMIO:_____

BINOMIO: _____

TRINOMIO: _____

COEFICIENTE: _____

Descríbelos y ejemplifícalos para ampliar tu vocabulario.

En fin, todo un universo de palabras cuyo significado debe ser aprendido antes de comenzar a:

EFECTUAR	DESARROLLAR
CALCULAR	RESOLVER
OBTENER	DEMOSTRAR
APLICAR	ESCRIBIR…

Es decir, antes de "ir a la práctica

Si;

E_E: representa éxito escolar

D: es dedicación

t : tiempo

c/a: cada asignatura.

I_r : interés real.

S: seguridad

C: confianza

B: búsqueda de ayuda

D_A : dejar acumular los contenidos.

ESCRIBE, COMO SE LEEN, CADA UNA DE LAS EXPRESIONES SIMBOLICAS SIGUIENTES:

1) $E_E = \{x \in \subset_{c/a}^{D \cap t} \cup (I_r \cup S \cup C) \cap B - D_A\}$

2) $E_E = \dfrac{D * t}{c/a} + (I_r + S + C)B - D_A$

3) $E_E \Leftrightarrow (D \wedge t)'_{c/a} \vee (I_r \vee S \vee C) \wedge B \wedge (\neg D_A)$

4) $E_E \cong (D \| t \in \Pi^{c/a}) \perp (I_r \perp S \perp C) \| B \neq D_A$

Scarlet Coromoto Rueda Marrero

Signos y símbolos.

Ejercicios propuestos

A continuación, encontraras una serie de planteamientos que te ayudaran a practicar lo aprendido o recapitulado, logrando así fijar el conocimiento adquirido.

I) Escribir simbólicamente cada una de las siguientes expresiones:

I.a) La recta L es paralela a la recta T

I.b) La edad de Coromoto es el doble de la edad de Patricia.

I.c) La raíz cubica de menos veintisiete

I.d) El orden de los sumandos no altera la suma

I.e) El cuadrado de una diferencia

I.f) La imagen de una suma

I.g) El coseno de una diferencia

I.h) El logaritmo base dos de ocho

I.i) El valor absoluto del apuesto del monomio tres equis al cuadrado

I.j) El cubo del inverso de ocho

I.k) Una cantidad aumentada en trece unidades

I.l) La ecuación el triple de un valor disminuido en tres unidades es cero

I.m) La matriz de orden dos por dos, de componentes: opuesto de cuatro en posición fila uno columna uno; Inverso de tres medios en posición fila dos columna uno; el cuadrado de un quinto en posición fila uno columna dos; el cubo del opuesto de dos en posición columna fila dos columna dos.

I.n) La inecuación cinco zetas menos ocho menores o iguales que trece

I.o) La tercera parte de un numero

I.p) El producto tres séptimos de un valor elevado a la quinta potencia

I.q) El opuesto de un numero aumentado en su quíntuple.

I.r) El doble de un número que es menor que su cuadrado

I.s) La imagen de t a través de una función G lineal.

I.t) El producto de tres potencias de igual base y exponentes consecutivos.

Scarlet Coromoto Rueda Marrero

Signos y símbolos.

II) Escribir como se lee cada uno de las siguientes expresiones simbólicas y que representan.

II.a) 2x+5=7

II.b) $\sqrt{3x}=2$

II.c) $|-7|$

II.d) 3/5

II.e) 2n

II.f) n^2

II.g) x^3+2

II.h) F(x)=y

II.i) Senα

II.j) 3y+1<2

II.k) $x = \dfrac{-b \pm \sqrt{b^2-4ac}}{2a}$

II.l) $a^2 = b^2 + c^2$

II.m) $\cos\alpha + \cos\beta = 2\cos\frac{1}{2}(\alpha+\beta)\cos\frac{1}{2}(\alpha-\beta)$

II.n) (-∞,∞)

II.o) [-2,13]

II.p) A∩B

Serie Jelu-Ruemar

III) Escribir el nombre que recibe "a" en cada planteamiento

III.a) a+b=c
III.b) b+c=a
III.c) a-b=c
III.d) b-a=c
III.e) b-c=a
III.f) a·b=c
iii.g) b·c=a
III.h) a ÷ b = c
III.i) b÷a=c
III.j) $\dfrac{a}{b}$
III.k) $a^b = c$
III.l) F(a)=b
III.m) F(b)=a
III.n) $\log_a c = b$
III.o) $\sqrt[c]{a} = b$
III.p) ax^n
III.q) nx^a
III.r) $|a|$
III.s) Sen(a)
III.t) b÷c=a
III.u) $\log_b c = a$
III.v) $b^c = a$
III.w) $\log_b a = c$
III.x) $\sqrt[b]{c} = a$
III.y) $\sqrt[a]{b} = c$
III.z) $\dfrac{b}{a}$
III.0) $b^a = c$

Scarlet Coromoto Rueda Marrero

Signos y símbolos.

IV) Consultar, definir y ejemplificar:

IV.a) Numero par

IV.b) Número impar

IV.c) Numero primo

IV.d) Numero compuesto

IV.e) Numero cuadrado perfecto

IV.f) Numero cubo perfecto

IV.g) Monomio

IV.h) Binomio

IV.i) Trinomio

IV.j) Divisor

IV.k) Múltiplo

IV.l) Descomposición en factores primos

IV.m) Máximo común divisor

IV.n) Mínimo común múltiplo.

IV.o) Racionalizar

IV.p) Factorizar

IV.q) Simplificar

IV.r) Extracción de radical

V) En cada uno de los siguientes planteamientos escribe el nombre de cada relación, ley, propiedad, operación o definición operacional presente y su lectura.

V.a) a+b=c

V.b) a-b=c

V.c) $\sqrt[n]{a}$=b

V.d) $a^b = c$

V.e) a.b=c

V.f) a÷b=c b≠0

V.g) (F°G)(x)=y

V.h) $ax^2 + bx + c = 0$

V.i) ax-b<p

V.j) a=b

V.k) a+b=b+a

V.l) a .1=1.a=a

V.m) a+0=0+a=a

V.n) (a.b).c=a.(b.c)

V.o) a.0=0.a=0

V.p) a≠b

V.q) $\dfrac{10}{20} = \dfrac{1}{2}$

V.r) $pqx^2 + prx$=px(qx+r)

Scarlet Coromoto Rueda Marrero

Signos y símbolos.

VI) Escribe como se leen los siguientes signos y que representan

VI.a) $+$

VI.b) $-$

VI.c) $\times$

VI.d) $\div$

VI.e) $\sqrt{}$

VI.f) Log

VI.g) $\in$

VI.h) $\perp$

VI.i) $\rightarrow$

VI.j) $\therefore$

VI.k) $/$

VI.l) $\wedge$

VI.m) $\subset$

VI.n) $\vee$

VI.o) $\geq$

VI.p) $\leftrightarrow$

VI.q) ∞

VI.r) $\nexists$

VI.s) $\forall$

Tomo 2

www.ingramcontent.com/pod-product-compliance
Lightning Source LLC
Chambersburg PA
CBHW070839220526
45466CB00002B/832